新农村农家书系

核桃技术图解系列丛书

优质核桃嫁接苗培育技术图解

云南省农家书屋建设工程领导小组　编

云南出版集团公司
云南科技出版社
·昆　明·

图书在版编目（CIP）数据

优质核桃嫁接苗培育技术图解/杨源著.—昆明：云南科技出版社，2010. 10（2017.12重印）

（新农村农家书系.核桃技术图解系列丛书）

ISBN 978-7-5416-4195-4

Ⅰ. ①优…　Ⅱ.①杨…　Ⅲ. ①核桃—嫁接—图解②核桃—育苗—图解　Ⅳ. ①S664.102-64

中国版本图书馆CIP数据核字（2010）第196972号

云南出版集团公司
云南科技出版社出版发行
（昆明市环城西路609号云南新闻出版大楼　邮政编码：650034）
云南雅丰三和印务有限公司印刷　全国新华书店经销
开本：850mm×1168mm　1/32　印张：1.875　字数：45千字
2010年11月第1版　2017年12月第3次印刷
印数：6001~9000册　定价：11.00元

《新农村农家书系》编委会

总 顾 问：高　峰

主　　编：张德文

执行主编：李静波

本册著者：杨　源

序 言

推进社会主义新农村建设，是符合国情、顺应潮流、深得民心的历史选择，是统筹城乡发展、构建和谐社会的重要部署，是加强农业、繁荣农村、富裕农民的重大举措。党的十六届五中全会通过的《中共中央关于制定国民经济和社会发展的第十一个五年规划的建议》，指出了建设社会主义新农村的重大历史任务，为做好当前和今后一个时期的“三农”工作指明了方向。党的十七大报告中指出：解决好农业、农村、农民的问题，事关全面建设小康社会大局，必须始终作为全党工作的重中之重。要加强农业基础地位，走中国特色农业现代化道路，建立以工促农、以城带乡的长效机制，形成城乡经济社会发展一体化新格局。中共云南省委云南省人民政府《关于贯彻〈中共中央国务院关于推进社会主义新农村建设的若干意见〉的实施意见》是对我省新农村建设的具体指导。

新闻出版业“十一五”发展规划指出，要积极组织实施“农家书屋”工程，充分发挥政府、社会等各方面的力量。目前，“农家书屋”工程作为新闻出版总署的头号工程正紧锣密鼓地展开，受到广大农民群众的热烈欢迎，已成为新闻出版服务农村工作的一大亮点。为配合这项工程，云南省新闻出版局等部门按照省委、省政府关于建设社会主义新农村的部署和要求，紧密结合我省农业发展实际，适应农民群众接受能力和水平，组织编写并由云南科技出版社出版《新农村农家书系》，这是重视农业、支持农村、服务农民，助力我省新农村建设的实际行动，是推进新农村建设的具体举措。目的是在新形势下让广大农民朋友成为有文化、懂技术、会经营、遵纪守法的新一代农民。

本书系从云南实施“农家书屋”的实际出发，以贴近农村、贴近农民而精心设计。充分发挥新闻出版行业优势，制定切实可行的农民读书方案。注重持续发展，使“农家书屋”的图书让农民看得懂、用得上、留得住；每年都有新品种持续出版。技术内容突出农业结构调整与产业发展的要求，图书在内容上本土化、原创化。

农业丰则基础强，农民富则国家盛，农村稳则社会稳。希望社会各方面进一步关心、支持、参与新农村文化建设，推进“农家书屋”工程建设步伐，使“农家书屋” 工程成为惠及广大农民群众的民心工程，推动我省农村走生产发展、生态良好、生活富裕的文明发展道路。

前　言

核桃——这个被誉为“神之果”、“金果果”的特殊果品，当今深受全人类喜爱。核桃树素有“扶贫树”、“摇钱树”、“生态树”之称。目前，在神州大地掀起了一个发展核桃产业的高潮。栽下核桃树，换成小金库。最近，云南省人民政府决定，要在全省建成3000万亩优质核桃基地，这是一个十分宏伟的计划。如果这个宏伟计划实现，则将创造历史奇迹，将长久造福于人类。

然而，要实现宏伟的计划绝非易事，除了政策保证和相应的资金保证外，最关键的是要有科学技术的支撑。要用科学发展观来统领核桃产业的发展，要将核桃产业的发展重点转移到依靠科学技术进步和提高劳动者素质的轨道上来。

回顾几十年来泡核桃基地建设，很值得认真总结。

在以往的生产活动中，有的紧密依靠科学技术，不断取得成功；有的因违背科学规律造成重大失败，劳民伤财；有的因缺乏必要的科技知识，事与愿违。由此得出一个结论：凡按科学规律办事，各项技术措施到位，则会成功；反之则会失败。

科技的力量在于普及，科技成果只有进入生产实践的大课堂才能转化为生产力。

核桃科学技术知识是改变山区核桃生产落后状况的力量，用核桃科学技术武装起来的林农将有光辉的前程，今天的核桃科技是明天的核桃经济。掌握了核桃科技，在核桃生产中可以起到“四两拨千斤”的作用。

为了加快核桃事业的健康发展，根据广大林农的迫切要求，结合基层实际，本着“实际、实用、实效”的原则，笔者特意创作了《核桃技术图解系列丛书》共8个分册（《优质核桃品种嫁接苗规范栽植及早期管理技术图解》、《优质核桃品种图解》、《优质核桃嫁接苗培育技术图解》、《铁核桃改良技术图解》、《核桃丰产栽培技术图解》、《核桃整形修剪技术图解》、《核桃病虫害防治技术图解》、《核桃采收加工技术图解》），竭诚奉献给基层科技人员和广大林农参考。恳请广大读者提出宝贵意见，以便今后日臻完善。千百万人的实践活动是核桃科技知识产生的源泉，笔者将尽最大努力认真汲取，并不断创造出新的作品服务于核桃事业。

本丛书以核桃生产关键技术为主线，通过“图解”形式展开介绍实现核桃丰产栽培的主要措施，图文并茂，看图学技，一看就会，一学就懂。

在以往长期的科学试验和生产实践活动中，中国著名的核桃之乡——云南省漾濞县是主要基地。本书图片共133幅，其中图1.4为李报琼摄，其余132幅均由杨源摄；涉及科学试验资料的重点核桃产区：云南省的云龙、永平、南涧、祥云、石屏、巍山、宣威、沾益、鹤庆、昌宁、兰坪、维西、香格里拉、大姚、南华、华宁、峨山、新平、勐海、马关、蒙自等县；西藏自治区的加查、朗县、林芝等县；四川省的木里、内江、南充等县；重庆市的开县、黔江区。中共漾濞彝族自治县县委和县人民政府、大理白族自治州科学技术局、大理白族自治州林业局和大理白族自治州科学技术协会自始至终都给予了热情支持。在此，一并表示衷心的感谢！

杨　源

2010年12月于云南大理

目 录

1 概 述 …………………………………………………… 1
2 嫁接苗的培育 …………………………………………… 11
2.1 砧木苗的培育 ……………………………………………12
2.2 砧木苗的选择 ……………………………………………25
2.3 接穗的采集、选择和处理 ………………………………27
2.4 嫁接时期 …………………………………………………30
2.5 嫁接方法 …………………………………………………30
2.6 定 植 ……………………………………………………35
2.7 栽后管理 …………………………………………………37
2.8 苗木出圃 …………………………………………………43

1 概　述

中国南方的核桃繁殖有实生繁殖和嫁接繁殖两种，实生繁殖主要是提供嫁接用的砧木，嫁接繁殖主要是培育优良品种。

实生繁殖是用核桃种子直接播种育苗、栽植。这种方法，20世纪80年代以前还常见，主要是选优良品种的种子直接播种育苗，苗木育成后拿到造林地或四旁种植，不再嫁接，直至开花结果。其优点是繁殖方法简便，易于掌握，且在短期内能培育出大量的苗木。其缺点是无性系良种采用实生繁殖，其后代劣变多，优变少。

云南省漾濞县核桃研究站在20世纪80年代初，曾对原丽江县红星及金山两村1958年引种的漾濞大泡核桃实生繁殖植株进行了调查，18株当中有纸皮类型5株，占27.8%；夹绵核桃类型4株，占22.2%；铁核桃4株，占22.2%。

笔者1984年将无性系优株漾江1号的一批实生苗定植在云南省漾濞县平坡乡上平坡沟头箐，13年后观察其结果情况，发现大多数变劣：壳面从较光滑变为麻点多且较深大，内隔壁和内褶壁变厚，出仁率从57.56%下降到45.20%。

云南省剑川县过去采用实生繁殖方法培育了很多新疆核桃实生苗，用于核桃基地建设，其结果：造林成活率及保存率虽然较高，但植株结果后一般品质都变差，主要表现是坚果变小，壳变厚，出仁率下降，商品价值降低。

随着核桃生产技术水平的提高，采用无性系良种实生繁殖后代的方法已越来越少。现在繁育良种一般采用嫁接方法。实生繁殖多用于砧木的培育，即苗圃地的砧木繁殖。

历史上，发展泡核桃一般是改良现有的铁核桃或先移栽核桃实生苗，成活后逐步改良。自20世纪80年代初云南省漾濞县大面积移栽泡核桃嫁接苗取得成功以后，为云南省有计划迅速地发展泡核桃生产开创了一条捷径。泡核桃嫁接苗培育和移栽技术在省内外推广后，极大地推动了泡核桃基地建设（如图1.1）。

图1.1 发祥于漾濞的泡核桃嫁接苗产业化为全国核桃产业作出了巨大贡献

云南省漾濞县在推广嫁接苗移栽技术前后，泡核桃发展速度截然不同：1980~1987年8年间共发展了282624株，1991~1998年8年间共发展了1520480株。两个8年比较，后者是前者的5.38倍。

云南省漾濞县光明核桃试验林场于1991～1993年分别种植泡核桃嫁接苗4750株，当年成活率达95%以上，随后几年的保存率分别为：7年期89%,9年期86%（如图1.2）。

图1.2　漾濞县光明核桃林场丰产园早期景观

云南省大理白族自治州在推广泡核桃嫁接苗移栽技术以前，每年发展泡核桃2.6万亩以下；推广后，自1992年起，发展速度大幅度加快，1995年达10万亩，1998年超过20万亩，近几年每年高达百万亩以上。

图1.3　南涧县宝华镇者菠萝用泡核桃嫁接苗建成的丰产园

云南省南涧彝族自治县2004年移栽泡核桃嫁接苗98万株，当年成活率高达93%以上。一个县在1年内新发展泡核桃近10万亩，创造了当时全国县级发展泡核桃的历史纪录（如图1.3）。

移栽嫁接苗可以使泡核桃林提前结果，较早进入盛果期。

漾濞县光明核桃试验林场，5年生的大泡核桃结果215个（如图1.4），折合2.8千克。林场附近的农户，3年生的三台核桃结果74个，折合0.8千克。据报道，用泡核桃嫁接苗建园，5年生最高亩产达152.1千克（如图1.5）。

图1.4　5年生幼树结果状

图1.5　漾杂核桃结果状

云南省漾濞县光明村吴金灿1991年一共移栽嫁接苗65株，至2001年共收果2万多个，其中1株产量达2100多个（如图1.6）。

图1.6　漾濞县光明村吴金灿林场

云南省云龙县用泡核桃嫁接苗大规模造林，使该县成为全国著名的核桃产地（如图1.7）。云龙县也涌现出一批种植先进户。其中，关坪乡关坪村一农户1993年种下的1年生泡核桃嫁接苗，至第九年结果量达1100个（如图1.8）。

图1.7　云龙县漕涧镇新发展泡核桃基地一隅

云南省漾濞县龙潭镇秧田湾李冯斌户，1994年分别在两块地上运用移栽泡核桃嫁接苗和点铁核桃果，然后再嫁接的两种方法作种植试验。10年后，两种种植方法的效果形成了十分显著的对比：两块地的优株结果量相差近10倍。泡核桃品种均为大泡核桃（如图1.9和图1.10）。两优株在2004年时的生长和结果情况见表1.1。

表1.1　两种模式生长和结果情况对比

模　式	干径（厘米）	树高（厘米）	冠影（平方米）	产量（个）
泡核桃苗移栽	25.5	9.2	60.1	1300
点果成苗后嫁接	13.4	5.1	15.9	150

图1.8　云龙县关坪乡典型结果幼树

图1.9　移栽嫁接苗后第十年长势

图1.10 传统方法至第十年的长势

近10多年来，泡核桃嫁接苗培育和移栽技术在云南省内外推广后，极大地推动了泡核桃基地建设。据云南省林业厅资料，10多年来，全省各类苗圃一共出圃泡核桃嫁接苗6000多万株。美国和法国栽培核桃的历史不长，但由于较早地用嫁接苗建园，因而两国的核桃，无论在产量上还是品质上都达到较高水平。

“中国核桃云新良种产业园区”2008年5月云新核桃嫁接苗的生长概况如图1.11至图1.15。

图1.11 中国核桃云新良种产业园区一隅

图1.12　中国核桃云新良种产业园区

图1.13　大棚内云新核桃嫁接苗

图1.14　大棚内嫁接100多天后的优苗

图1.15　露地嫁接100多天后的优苗

实践证明，移栽泡核桃嫁接苗是迅速发展泡核桃的重要途径。

培育嫁接苗的模式一般分两大类：扬苗砧（亦称起苗砧）嫁接和就地砧（砧木苗在原地）嫁接。①扬苗砧嫁接：分为用隔年砧和子芽苗砧两种；②就地砧嫁接：分为用隔年砧和子芽苗砧两种。

通常情况下，嫁接成活率、嫁接成活后的长势，用隔年砧嫁接的要好于用子苗砧嫁接的，就地砧嫁接的要好于扬苗砧嫁接的。

图1.16 规范定植的隔年实生苗

图1.17 100多天苗龄的子芽苗

图1.18 隔年砧就地嫁接后第四十六天长势

图1.19 隔年扬苗砧嫁接后第六十天长势

根据造林地的需要采用相适宜的优良品种的接穗进行嫁接，是造林计划是否成败的关键环节。要根据适地适树的原则及造林地管理水平，有针对性地选用相适宜的优良品种培育优质核桃嫁接苗。

图1.20　成活率高达80%以上

图1.21　嫁接后第四十六天高达47厘米以上

图1.22　隔年砧嫁接后第七十五天

图1.23　盖地膜与不盖地膜对比

有关优质核桃品种的选择请参看《优质核桃品种图解》（云南科技出版社出版的《核桃技术图解系列丛书》第二分册）。

2 嫁接苗的培育

图2.1 大理钰源优质核桃苗圃一隅

优质核桃嫁接苗一般选铁核桃苗为砧木，选用优质核桃的接穗嫁接。砧木的苗龄有长有短，从几个月至1年多。

培育优质核桃嫁接苗基础在砧木，关键要用优质核桃品种嫁接。

2.1 砧木苗的培育

2.1.1 种子的采集与贮藏

2.1.1.1 种子的采集

图2.2 核桃种胚

首先要选好母树。应选择那些生长健壮，无病虫害，坚果种仁饱满的树作为采种母树。其次，当母树的种子充分成熟时进行采集。种子成熟的外部特征是外果皮由绿变黄，青皮出现开裂，且青皮与硬壳易分离。当全树有2/3以上青果皮开裂时，即可采收。

坚果脱青皮后应及时晾晒。种子晒干后进行粒选，剔除空瘪粒、小粒及发育不正常的畸形果。

2.1.1.2 种子的贮藏

秋播的核桃种子可随采随播，既不需要晾晒也不需要贮藏，带青皮直播的效果更好。春播的种子在晾晒干后，需要在一定条件下进行贮藏。

核桃种子的贮藏方法主要是室内干藏法，室内干藏法又分为普通干藏法和密封干藏法两种。

（1）普通干藏法。秋季采种，第二年春季播种的一般采用这种方法。将干燥的种子装入袋、囤等容器内，放在经过消毒的干燥、通风、气温较低的室内或地窖内。存放中注意防鼠。

（2）密封干藏法。秋季采种，第二年春季播种的也可采用这种方法。将干燥的种子装入双层塑料袋内，并放入干燥剂密封，然后放进冷库或贮藏室内。冷库贮藏的条件：温度保持在5℃左右，相对湿度在60%左右。

2.1.2 苗圃地的准备

苗圃地的准备工作包括选地、区划和土地整理等。

2.1.2.1 苗圃地的选择

图2.3 较差的土壤剖面

图2.4 较好的土壤结构

苗木培育是一种高度集约经营的生产过程，苗圃地的好坏，直接影响苗木的产量和质量以及苗木的生产成本。适宜的自然条件与良好的经营条件是苗木生产的保证。因此，不管是固定苗圃还是临时苗圃，都应该仔细调查了解拟用作苗圃地的经营条件和自然条件，认真加以选择。选择苗圃地应注意以下几点：

（1）苗圃的位置。苗圃地要设在造林地中心或尽可能靠近造林地的地方；应设在交通方便，距居民点较近的地方。

（2）地形与地势。地势起伏，坡向、坡度不同，气象、土壤、水文等因子有一定差别，对育苗工作会有不同程度的影响。

在山地上建苗圃，一般应选择土层较厚，土壤水分和养分充足，温度条件较适宜的坡地。为了防止水土流失，均应修筑梯田，把土地整平。凡是寒流汇集区，光照不足的山谷，风害严重的风口地、岗瘠地，雨季易发生山洪冲蚀、泥沙堆积的坡段，均不宜设置苗圃地。

在坝区建苗圃，应选择地势开阔平坦、背风向阳、排水良好的地段。积水低洼易涝地，盐碱地，土壤过于黏重地或砂地，尚未固定的流动砂地等不宜作苗圃地。

（3）土壤。以土层深厚、肥沃，有机质含量丰富或砂质壤土为佳。土壤pH值6.0～7.5为宜。一般不要在土壤黏重的地方建苗圃。

（4）水源。苗圃应选在尽量靠近水源的地方，尽可能利用江、河、湖泊、池塘和水库的水源。如果无上述水源，则应开发地下水。如果水源缺乏，不宜建苗圃地。

（5）病虫害。苗圃地应选在无病虫害和鸟兽害的地方，应避开那些发生过苗木病虫害的地方，还应避免选用重茬地。

2.1.2.2　苗圃地的区划

苗圃地应总体合理布局，要按面积大小、地形等，以道路、渠道为界，将圃地分为若干个区；要根据类型分别安排实生苗区、嫁接苗区、大苗区；路、沟、渠的配置要协调一致，线路宜短，占地要少，控制面要大；要最大限度地为实现机械化作业和灌溉创造条件。

2.1.2.3　苗圃地的整理

结合翻埋杂草残茬、混拌肥料及消灭病虫害等进行整地。整地时间，如条件允许宜在秋冬季节。整地要认真细致，耕地要深透，耙地要均匀。结合深耕，每亩施入有机肥3000千克左右。

为减少土壤中的病虫害，应对土壤进行消毒：一是作高温处理，即用干燥的秸秆或柴草堆放在翻耕过的圃地里焚烧，使土壤表层加温，杀灭杂草的种子、线虫和病源菌，既可消毒，又可提

图2.5 深翻土地

图2.6 机耕苗圃

图2.7 施底肥

图2.8 苗床宽示意

高土壤的肥力；二是用化学药剂甲醛（福尔马林）作土壤处理，按每平方米用50毫升甲醛加水6～12千克，播种前10～12天洒在播种地上，用塑料薄膜覆盖严密，播种前7天揭开塑料薄膜。

在地下害虫较多的地方，可用50%辛硫磷100克，加饵料10千克制成毒饵撒在苗床上；或用90%敌百虫晶体500克，加饵料50千克制成毒饵撒在苗床上进行诱杀。

苗床一般采用高床方式，床面高于步道沟15～20厘米，宽60～100厘米左右；步道宽25～35厘米，长度依地形而定。地下水位较高的地方宜采用窄墒高床的模式。

2.1.3 种子处理

秋季播种的种子可不经处理直接播种，春季播种的种子必须进行催芽处理。

图2.9 在流水中浸泡种子

图2.10 在静水中浸泡种子

2.1.3.1 水浸催芽法

将种子放在冷水中（注意要让种子压入水下）浸泡7～9昼夜，每天换水1～2次(如不换水或换水不勤会导致种子腐烂)；或将种子装袋压入河、渠的流水中浸泡7～9昼夜，使种子充分吸水膨胀，部分种子裂口时拿去播种。

2.1.3.2 水浸日晒法

将冷水浸泡过5～7昼夜的种子置于强烈日光下曝晒（几小时至2天），使大部分种子裂口时拿去播种。

2.1.3.3 热水浸种法

将种子放入容器内，倒入80℃左右的热水，随即用木棍进行搅拌，使水温下降至常温后让其继续浸泡，以后每天换1～2次水，浸泡5～7昼夜，使种子吸足水，部分裂口时拿去播种。

2.1.4 播 种

2.1.4.1 播种时期

播种分秋播和春播两种：秋播在种子成熟后随采随播，无需进行种子处理，手续简便，春季出苗早且较整齐，但在灌溉不便、土壤过于干旱和有鸟兽危害的地区不宜采用；春播可在1～3月份进行，气温较高的地区可在1月份播种，气温较低的地区可在3月份播种，一般地区宜在2月份播种。如果涉及换茬问题，也可以在收过小春作物后播种。云南省大理钰源优质核桃苗圃2009年5月中旬，在收过小春作物的田块（沙壤，肥力中等）播种铁核桃果，管理一般，但5个月后实生苗长势仍较好，平均高度达74厘米，地径达1.4厘米。

图2.11　晒种子

图2.12　开口种子

2.1.4.2　播种的密度

图2.13　培育就地嫁接用芽苗砧播种法

图2.14　培育扬苗嫁接用芽苗砧播种法

一般采用株距10～15厘米，行距25～35厘米，每亩需种

200~300千克，可产苗木6000~12000株。

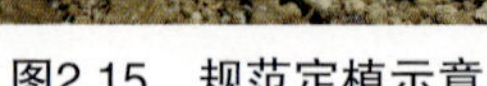
图2.15　规范定植示意

图2.16　袋苗播种

2.1.4.3　播种方法

播种前苗床先灌透水，待土壤不黏结时开播种沟，沟深10厘米左右，沿沟底撒1层（约80克）复合肥，每亩用量100千克。然后将种子平放沟底，使缝合线垂直于地面，种尖向一侧（如图2.17），覆土厚度6厘米以上。实践证明，核桃播种只有采取上述方式，幼苗前期才生长快，组织充实，春梢较长，主根发达，

图2.17　放置正确的种子

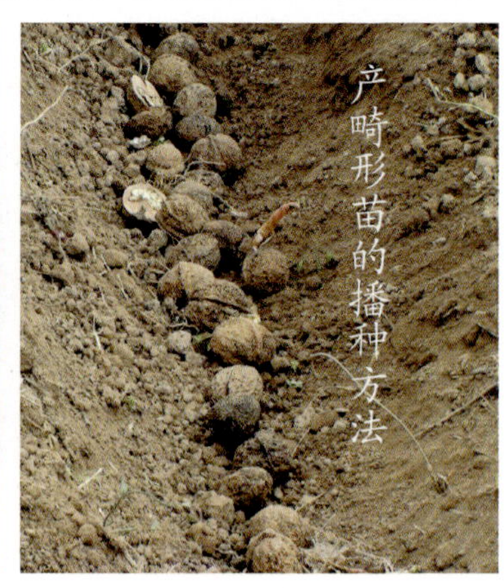

图2.18　放置错误的种子

苗木健壮。其他方式因幼根和幼茎弯曲，往往出苗较为迟缓（如图2.19）。

图2.19 种子放置方式与出苗的关系

1.缝合线与地面垂直 2.种尖向上 3.种尖向下 4.缝合线与地面平行

播种方式上还可以采用以下做法：

（1）在整好的地上，在未起沟前，用绳子按原设计控制墒宽，在墒内撒1层复合肥，每亩用量100千克，按预定的株距和行距摆放种子（摆放方式按前述），摆好1墒后起沟盖土，土厚6厘米左右。这种做法出苗比较整齐，以后比较好管理。

（2）在整好的地上，用绳子按原设计控制墒宽，按预定的株距和行距摆放种子（摆放方式按前述），用内径18～25毫米的管具将种子按入土表下6～10厘米处，然后用表土盖住孔（如图2.20）。

图2.20　插入式播种法

2.1.5　苗圃管理

2.1.5.1　地膜覆盖

一般采用塑料小拱棚培育实生苗。这样做可以提高地温，保持土壤水分，增加土壤湿度；改良土壤结构，维持土壤的疏松状态，提高土壤肥力；可以抑制杂草的生长，有利于预防和减轻病虫害。从而使核桃出苗早，苗木生长快。

具体做法：在地膜覆盖前先作化学除草剂处理，方法是用50%扑草净可湿性粉剂，每亩250～400克，加水50～60千克，用喷雾器均匀喷洒在苗圃墒面上。然后，用直径1厘米左右，2～2.5米的竹竿或薄竹片，沿苗床一侧每隔0.5米插1根，然后将竹竿或竹片弯成拱形，使另一端插入苗床的另一侧形成拱架。拱

图2.21　培育供扬苗嫁接用芽苗砧播种法

图2.22　地膜覆盖

架纵排要高低一致，拱弯平顺，覆盖薄膜时顺行铺膜，使两边和横头处落地，四周用土压严。为防风吹，可在床的两侧打桩，再用塑料带将薄膜固定。

图2.23～2.24　塑料薄膜小拱棚

塑料小拱棚育苗的技术要点是做好温度和湿度的调控。棚内种子层日平均温度保持在16～20℃为宜。当温度过高时，可从两端或侧方掀开薄膜通风换气，以降低棚内温度。待小苗生长点接近拱棚薄膜时，要及时拆除拱棚，以免灼伤苗梢和影响幼苗生长。苗木生长的适宜湿度为70%～80%，允许变幅为60%～90%，过高、过低均不利。当棚内湿度过高时，可以通过通风、增温散湿降低湿度；棚内湿度不足时，可用灌溉增加湿度。

2.1.5.2　补　苗

当幼苗大量出土时，要及时检查，苗木密度不足时，要及时进行补苗，以保证单位面积的成苗数量。补苗的方法一般用催过芽的种子点播。

2.1.5.3　灌水施肥

图2.25　播种后保湿

在出苗之前，要保持土壤的良好墒情，不可过干或过湿，否则影响出苗率。

苗木出齐之后，为了加速生长，也需保持土壤墒情。土壤干燥要及时灌水，尤其是5～6月份，要结合灌水追施氮肥（清粪水或尿素，尿素每亩10～20千克）1～2次；进入雨季后，要视土壤墒情灵活掌握是否灌水，可追施1次速效磷、钾肥（草木灰、过磷酸钙等），也可以进行根外追肥。根外追肥，磷、钾肥的浓度1%～2%，每次每亩2.5～5千克；尿素浓度0.2%～0.5%，每次每亩0.5～1.0千克；如果几种肥料混合使用，应注意各种肥料的比例，如磷、钾混合液的比例以3：1为宜；喷雾要细，喷布要均匀，以喷满不滴为佳；喷洒的时间以晴天的傍晚为好，如喷后2日内下雨，应予补喷。根外追肥的次数，因需要而定，一般要进行3～4次，效果才显著。

2.1.5.4 中耕除草

在苗木生长过程中，一般应进行2～3次中耕除草，对杂草过多的地块需加大除草的力度，清除过旺过多的杂草，以疏松表土，改善生长条件。

幼苗前期，中耕深度应浅些，一般2～4厘米；幼苗后期，中耕深度可深一些，可到4～8厘米。中耕的同时除去杂草，做到表土疏松，地无杂草。

2.1.5.5 病虫害防治

苗木在生长过程中，会受到多种病虫害的危害。其中，苗木菌核性根腐病、苗木根腐病等对幼苗的生长危害最大，要本着“防重于治”、“治早、治小、治了”的原则，及时控制病虫害。

2.1.5.6 断 根

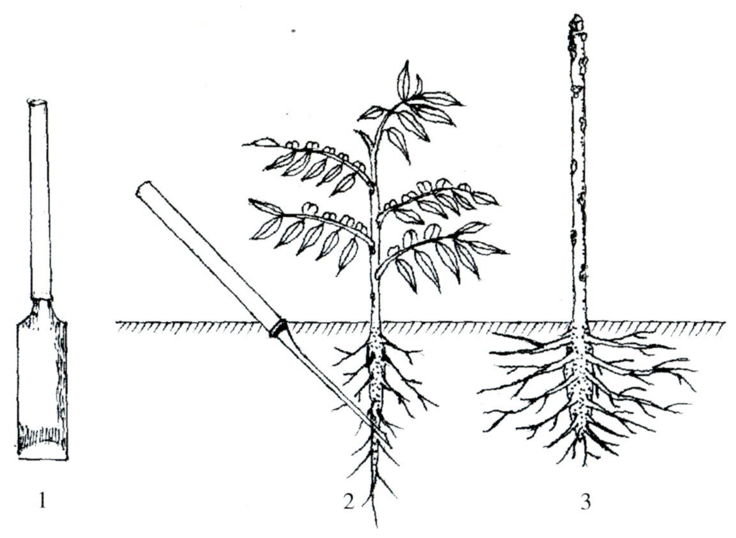

图2.26 砧木断根

1.断根铲 2.断根 3.断根后发出的侧根

核桃直播砧木苗主根扎得深，侧根较少，掘苗时主根极易折断，且苗木根系不发达，栽植成活率低，缓苗慢，生长势弱。因此，常在夏末秋初给砧木苗断根，以控制主根伸长，促进侧根生长。断根的方法是用“断根铲”，在行间距苗木基部15～20厘米处，与地面呈45°角斜插，用力将主根切断（如图2.26）。断根后应及时浇水，中耕。半月后可叶面喷肥1～2次，以增加营养积累。

2.1.6 苗木出圃

核桃实生苗主要提供培育泡核桃嫁接苗用，也有少量用于造林。实生苗在野外成活后一般都要通过嫁接改良为泡核桃。实生苗出圃的技术要求、具体做法与嫁接苗相同。

图2.27 大理钰源优质核桃苗圃培育的用于第二年扬苗嫁接的砧木

选亲和力较好的铁核桃作种培育砧木苗。经过1年的生长，当砧木的基径长至1厘米左右时，即比较适合嫁接。

图2.28 适于就地嫁接的芽苗砧木

图2.29 适于扬苗嫁接的芽苗砧

2.2 砧木苗的选择

2.2.1 起苗砧嫁接法砧苗的选择

首先，应当选择用一般铁核桃培育的砧木苗，即复叶具小叶13片以下的铁核桃实生苗。这样的砧木苗与泡核桃具有较强的亲和力，嫁接后成活率比较高。

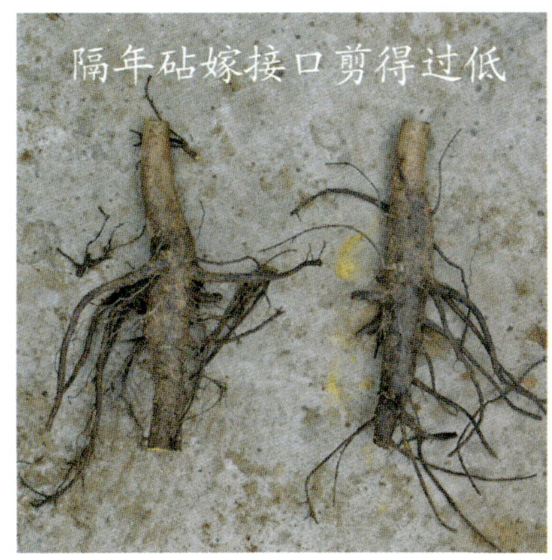

图2.30 好苗，但剪口过低

图2.31 苗及剪口均合格

其次，要选择那些长势良好，无病虫害，基径粗度1厘米左右，基茎通直，根系发达的铁核桃实生苗作砧。有的实生苗的根呈萝卜状，须根少，也很细，这样的砧木尽量不用。砧木上的根腐病对嫁接成活率影响较大，要严格检疫。根部受伤面积过大的砧木尽量不用。

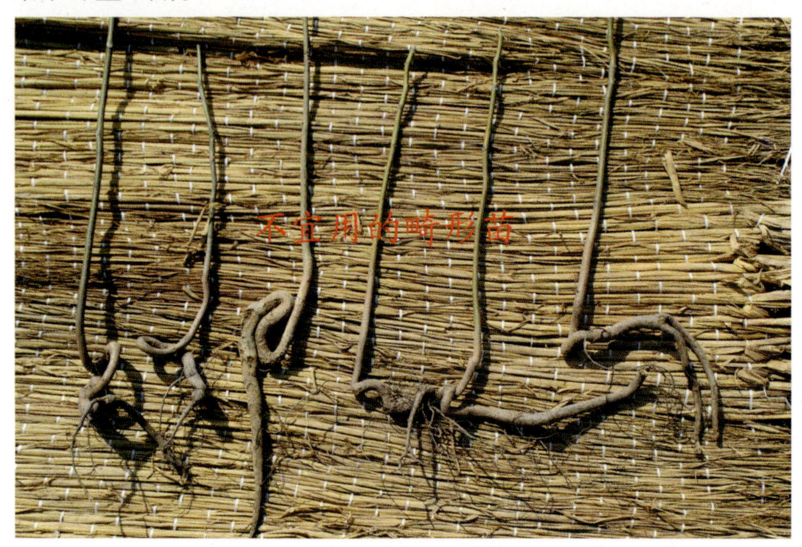

图2.32　由于播种原因导致的畸形苗不适于作扬苗嫁接

2.2.2　起砧木后的管理

用于扬苗嫁接的砧木，挖起后嫁接前必须注意保湿：时间短的用保湿物覆盖，时间长的最好假植。

2.2.3　就地砧嫁接法砧苗的选择

用于就地嫁接的砧木苗一般在先前已作计划安排，选择重点为掌握苗木的粗度，要求地径粗度必须大于8毫米。

图2.33　实生苗的假植

2.3　接穗的采集、选择和处理

2.3.1　采集的时期

采用蜡封接穗加妥善保存的技术，无论是枝接还是芽接用的接穗，都可以在核桃落叶后到芽萌动前（整个休眠期）进行采集，但最好在1月份采集。1月份采集的接穗离嫁接的时间不长，贮藏时间较短，鲜活度较好，嫁接后成活率也较高。

2.3.2　接穗质量要求及采集方法

2.3.2.1　枝接接穗的选择

选那些充实健壮，髓心较小，芽体饱满，无病虫害的1年生发育枝或徒长枝（如图2.34~2.35），一般将顶芽剪去，尽量用中下部的芽。在接穗缺乏的情况下，偶尔也可用强壮的结果母枝或基部带2年生枝段的结果母枝。

图2.34~2.35　1年生发育枝

2.3.2.2　芽接接穗的选择

选那些圆饱通直、叶痕小的当年生枝，其上的芽体必须饱满，最好是双芽或叁芽（即除主芽外还有1～2个副芽）（如图2.36）。

图2.36　标准接穗示意图

（一）顶芽　1.接穗长8厘米　2.横切面　（二）非顶芽　1.接穗长9厘米　2.横切面

接穗粗度在0.8～1.6之间

采集接穗时要用枝剪，忌用刀砍。剪口要平，不要呈斜茬。采下的接穗要接着进行修剪和整理，剪去顶部过长、弯曲或不成熟的顶梢；结合蜡封需要，枝条不宜过长，最好小于蜡封用的锅或盆的口径。修剪时，基部剪口最好在芽以下6厘米左右，顶部剪口在芽以上1.5厘米以上。这样，接穗的利用率就可以提高。经修剪和整理的接穗，按长短和粗细分类打捆，同时安放品种标记。用于夏季或秋季嫁接的接穗，从树上剪下后要立即去掉复叶，留2厘米左右长的叶柄，打捆时用塑料薄膜条绑扎，防止幼嫩的表皮受伤。

2.3.3 接穗的处理

休眠期采集的接穗，在贮藏前需进行蜡封处理，随采随用的接穗可不必蜡封。这种方法能防止穗条水分蒸发，节省其他保湿材料，简便易行，且嫁接成活率可大大提高。

图2.37 蜡封接穗

接穗蜡封的方法是将蜡（蜂蜡10%～20%+石蜡90%～80%）放入容器（搪瓷盆、金属盆、铁锅等）内，加热至110℃左右，用温度计监测，并保持至蜡封结束。用筷子夹住接穗，放入蜡中蘸一下拿起，时间1~2秒，滤掉表面多余的蜡液。如接穗较长，则应分2次蘸，先蘸一端，再蘸另一端。也可以在容器底部加水，与蜡同时加热，使水沸腾，蜡充分熔化后蘸接穗。用沸水加热的方法因温度较低，接穗上的蜡层较厚，比较费蜡。在实际操作中，如果接穗数量大，一般用手拿接穗蘸蜡，一次一只手拿几条接穗同时操作（如图2.37）。无论用哪种方法，一定要掌握好两点：一是蘸蜡时间要短，以免将芽烫死；二是要使整个接穗表面包裹1层薄而透明的蜡膜。石蜡加入蜂蜡后，其附着性较好，不易脱落，可更有效地保护接穗。

2.3.4 接穗的贮藏和运输

经蜡封的接穗，贮藏比较容易、简单，只需堆放在气温10℃以下，背阴、潮湿的室内，上边盖上塑料薄膜蒙严即可，这样可以贮藏2～3个月。如果贮藏的时间长，则需要放入冰箱或冷库保存。冰箱或冷库的温度维持在5℃左右时，接穗可贮藏4个月以上。

蜡封接穗的运输也十分简单，将接穗用塑料薄膜包裹后放入纸箱或木箱即可长距离运输。

2.4 嫁接时期

冬春季节嫁接，在海拔1500米左右地区，一般在1月中旬至2月下旬，但以1月下旬至2月上旬较好；夏季嫁接，一般在5～7月份，但以5月下旬至6月上旬较好；秋季嫁接，一般在8～9月进行。

2.5 嫁接方法

苗圃嫁接，冬末春初一般采用切接和劈接；春末夏初一般采用方块芽接；秋季嫁接则采用舌状芽接等方法。

2.5.1 大苗砧嫁接方法

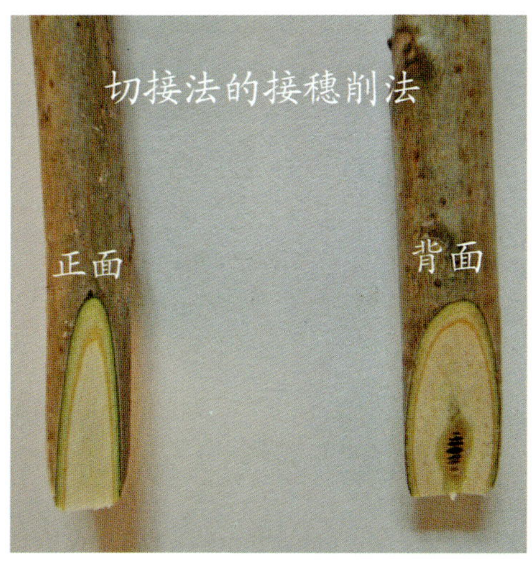

图2.38 切接法接穗的削法

图2.39 切接法的砧穗结合

大苗砧（1年或多年生）嫁接一般采用切接和劈接法。

图2.40 ~ 2.42 方块芽接、舌状芽接、双舌接

2.5.2 芽苗砧嫁接方法

一般采用劈接法。具体做法：先将砧苗分批拔起，并同时摘除上方的核桃壳，于子叶柄痕处上2.5厘米剪去枝叶备用。选穗条于芽下方1.5厘米处的侧面斜削一刀不露髓心。穗条削成后两口面等长2.5厘米，为楔形。将芽苗砧嫩茎中央纵切一刀达2厘米深，然后将削好的穗条对准芽苗砧的形成层插入切口达胚根基部，再用塑料薄膜条绑扎严密即可。

苗圃嫁接，无论是大苗砧还是芽苗砧，一般分为扬接和就地嫁接两类。

图2.43 ~ 2.44 就地芽苗砧嫁接的背面和正面

2.5.2.1 扬 接

即把砧木挖起后放在室内嫁接，嫁接完后再到室外定植。这种方式，嫁接工效较高，可以对砧木进行筛选、分类，有利于苗圃管理，但要求掌握好选砧木、嫁接速度、接后定植等环节。

图2.45　用隔年砧嫁接

图2.46　用芽苗砧嫁接

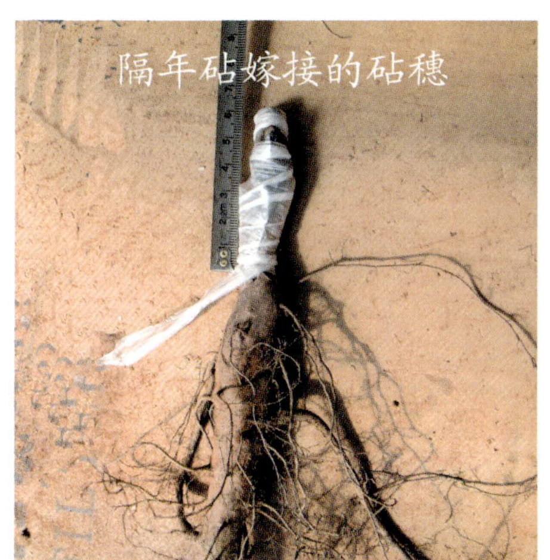

图2.47　隔年砧的砧穗结合

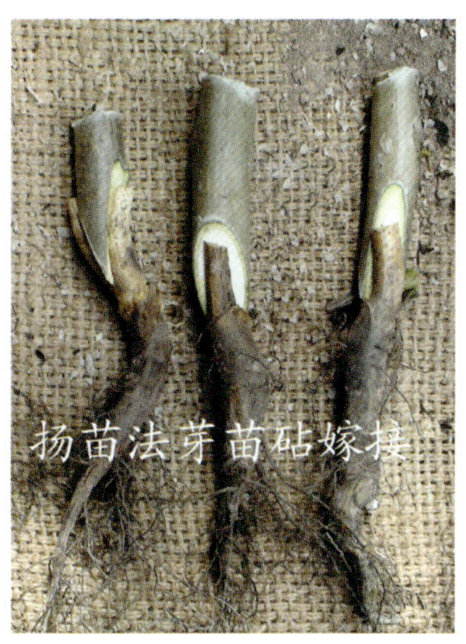

图2.48　芽苗砧的砧穗结合

图2.49　隔年砧就地嫁接

图2.50　芽苗砧就地嫁接

图2.51　隔年砧就地嫁接

图2.52　芽苗砧就地嫁接

2.5.2.2　就地砧嫁接

成本较低，嫁接效率及成活率均较高，但对苗圃中的实生砧的要求较严，必须规范种植。

2.6 定 植

图2.53～2.54 砧穗定植

图2.55 植砧穗要领

图2.56 定植后盖地膜

图2.57～2.58　纵向定植砧穗方法

图2.59　大理钰源优质核桃苗圃定植砧穗的试验地

泡核桃接穗嫁接在砧木上后就形成砧穗，砧穗形成后应及时移植到苗床上。一般定植沟深20厘米左右，先填1层农家肥（或撒1把复合肥），再盖1层土，然后放入砧穗，砧穗的芽最好朝一个方向，盖土，竖直，踩实；或者放砧穗后，在根上面先盖1层土，后放1层农家肥（或撒1把复合肥），再盖1层土，竖直，踩实，覆土与墒面平。砧穗的株距一般15～20厘米，行距一般25～30厘米，每亩定植约8000～12000株。砧穗定植时应尽量扶正，使之垂直于地面，以利于正常生长发育。同时，应让嫁接口在地面以上。

2.7 栽后管理

图2.60 苗圃地灌水

图2.61 除砧芽

图2.62 除草施肥

图2.63 喷除草剂

图2.64　喷杀菌剂

图2.65　扁刺蛾

图2.66　云斑天牛成虫

图2.67　绿尾大蚕蛾幼虫

图2.68～2.70　叶蝉、蝽、黄刺蛾

图2.71　蝽

图2.72　豹蠹蛾幼虫

图2.73～2.76　棕金龟、铜绿金龟子、叶蝉、缀叶螟幼虫

图2.77　幼虫：盗蝇、瓢虫与花背蚜虫

图2.78　尺　蠖

图2.79 ~ 2.84　害虫天敌

2.7.1 保持土壤墒情

砧穗栽植后，最重要的是要及时灌水保墒情。一般土壤的含水率要求在24%左右。如果含水率低于22%，应及时灌水，增加土壤湿度；含水率过高时，应注意及时排水，以保持土壤的通透性，否则根部长期遭水会造成根腐病。

2.7.2 适时追肥

如果苗圃地底肥不足，土壤瘦弱，则应当适时追肥：当砧穗新梢长至10厘米左右时，应追施1次清粪水；当砧穗新梢长至30厘米左右时，再追施1次清粪水，或追施1次化肥，按每平方米苗地氮50克、磷10克、钾10克的配比施用。追肥的时机必须掌握在生长季节，如果错过时机，追肥的效果不明显，会造成浪费。

图2.85 苗圃地除草

2.7.3 除　草

苗地中的杂草种类繁多，如不及时薅除，势必影响砧穗的正常生长发育，尤其是在苗地郁闭前。除草一是人工除草，结合松土施肥薅除杂草；二是利用化学除草剂除草。苗圃地除草，可在杂草萌动的3～5月，每亩用50%除草剂1号可湿性粉剂400～700克，对水50～60升喷布表土；6～7月中耕后再喷布1次，直接喷布在杂草幼苗上，效果较好；还可以每亩用10%草甘膦水剂400～600克，加洗衣粉0.3%或柴油100毫升，对水40升，在杂草株高15厘米以上时，将药液低空喷布在杂草上，注意不要将药液喷到核桃嫩枝叶上。

近几年，据笔者试验，在定植完砧穗后，用50%扑草净可湿性粉剂，每亩250～400克，对水50～60千克，用喷雾器均匀喷洒在苗圃墒面上，然后覆盖黑色地膜，可在整个生长期减少除草的次数。

2.7.4 除砧芽

及时切除砧木上萌发出的砧芽，以利于接穗的正常生长发育。在砧穗新梢长至30厘米以前时，要勤观察，一发现砧芽就立即切除，特别要注意从土表下萌出的砧芽。

2.7.5 合理修剪，适时切除绑缚

砧穗萌发后，有时会长出2个以上新梢，应当从中选留1个方位好、长势佳的新梢，将其余的剪除，以便培育基干。当嫁接口愈合后，要注意嫁接部位是否开始增粗。如果已经增粗，则要及时在塑料带上纵划1刀，深达韧皮部。再过一段时间，则要将塑料带彻底解除，以防残留在茎基部造成后患。8月中旬，对新梢进行摘心，以增强新梢的木质化程度。

2.7.6 病虫害防治

2.7.6.1 常见病害

苗圃地常见的病害有根腐病、白粉病等，在连作的地上还会

出现缺素症。

防治方法：

（1）加强抚育管理，合理施肥，合理修剪，增强苗势，增强抵抗力，改善苗圃内通风透光条件，以利于控制病害发生；

（2）改善苗床土壤的排水及透气状况，以减少根腐病的发生。

（3）及时清除病虫枝等，以减少发病来源。

（4）在发病严重的地点，视病情喷施氧化亚铜、碱式硫酸铜、甲基托布津、多菌灵、王铜代森锌、石流合剂、百菌清等，其浓度从低浓度到高浓度施用,施用次数视防治效果定，一般在1次以上。

2.7.6.2　常见虫害

常见的害虫主要是食叶害虫，如金龟子、刺蛾类等（如图2.65～2.78）。

防治方法：

（1）幼虫危害期捕杀幼虫；

（2）成虫期利用其趋光性捕杀成虫；

（3）在低龄幼虫期喷洒以下杀虫剂：90%敌百虫1000～2000倍液，或80%敌敌畏1000～2000倍液，或2.5%溴氰菊酯1000倍液，或其他高效低毒杀虫剂；

（4）注意保护和利用天敌（如图2.79～2.84）。

2.8　苗木出圃

2.8.1　苗木出圃

在苗木调查的基础上，于休眠期出圃嫁接苗。起苗前要灌水，以疏松土壤。起苗时要保证质量，要特别注意苗木根系的完整，不伤根，不劈裂，同时还应保护好苗杆和枝芽。

2.8.2　苗木分级

苗木起出后，按国家标准GB7907-87(见表2.1)进行分级。分别将1级、2级苗捡出，并把病虫危害、机械损伤及无继续培养价值的废苗剔除。分级时可适当对苗木进行修剪，剪去过长的、受伤的根系。

表2.1　核桃嫁接苗的质量等级（国家标准GB7907–87）

项目＼级别	1 级	2 级
苗 高（厘米）	>60	30～60
基 茎（厘米）	>1.2	1.0～1.2
主根保留长度（厘米）	>20	12～20
侧根条数（条）	>15	>15

图2.86～2.87　大理钰源优质核桃苗圃2009年培育的创纪录的大泡核桃嫁接苗

图2.88～2.93　优质嫁接苗的特征

图2.94　大理钰源优质核桃苗圃出圃前的优质核桃嫁接苗

图2.95～2.96　同龄不同培育方式的比较

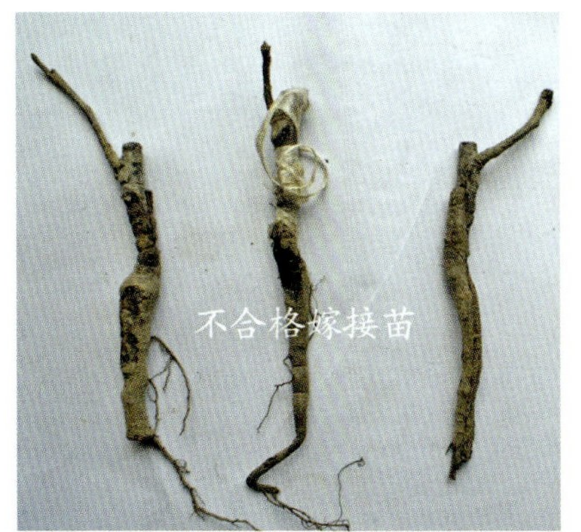

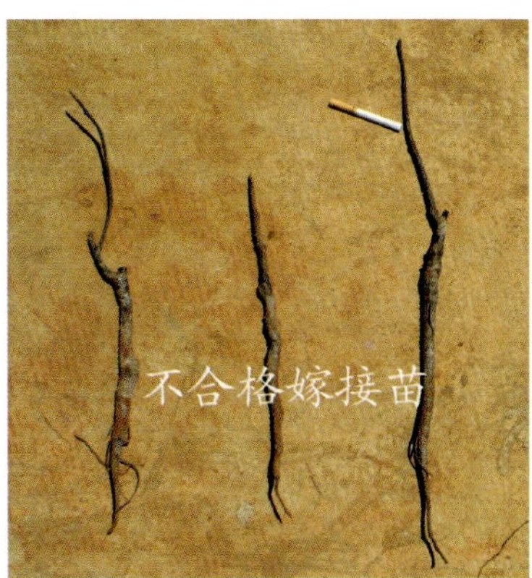

图2.97～2.98　不合格嫁接苗的特点

图2.99～2.101　不合格嫁接苗的特征

2.8.3 苗木的包装、运输与假植

图2.102～2.103 暂时不调运的出圃嫁接苗必须进行假植

苗木经过检疫与消毒后，接着进行包装，包装前要先打成捆，每捆25～50株，填写标签，挂在每捆明显处，标签上要注明品种、等级、数量、起苗日期等。苗木如果远距离运输，则需要用废弃麻袋或蛇皮口袋套在苗木的根部，其内多放些苔藓、

图2.104～2.105 对远距离运输或暂时不调运的出圃苗木的保护措施（一）

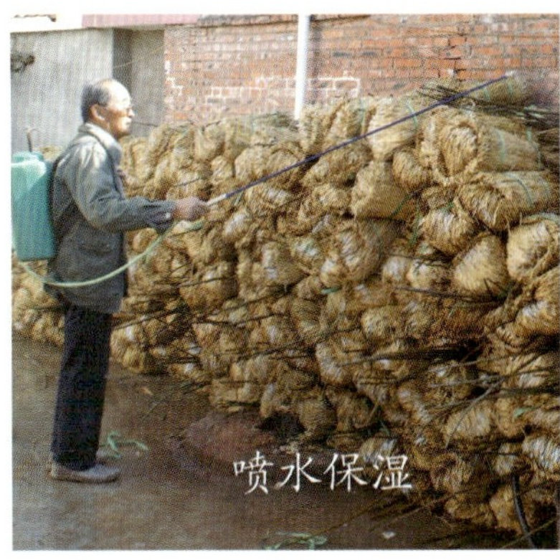

图2.106～2.107　对远距离运输或暂时不调运的出圃苗木的保护措施（二）

图2.108　远距离运输的保湿措施

锯屑、稻草等保湿材料，最后扎紧袋口；也可以用湿的稻草席包裹，里面放些保湿材料。

图2.109　出圃苗木的检验

图2.110　大理钰源优质核桃苗圃待运苗

苗木远距离运输要在运输工具外边加盖篷布或苫布。运输途中要注意检查，防止苗木干燥发热。如果出现干燥发热现象，应及时向苗木洒些清水，以保持湿度和降低温度。苗木运抵目的地后，应立即拆包进行假植，并尽快组织造林。

苗木暂时不能移栽的需进行假植。方法：选背风庇荫处，挖假植沟，一般深40～50厘米，沟的一侧倾斜。将苗放入沟中斜靠在沟坡上，用挖出的湿土埋住苗木根际与苗干。适当抖动苗干，使湿土充实、苗根空隙，达到苗木根、杆与土密接不透风的目的，然后踏实即可。造林时，从假植沟一侧扒开填土，即可起出苗木。

近年来，种植户对嫁接苗的大苗砧嫁接与子芽砧嫁接的鉴别问题提得较多，以下提出初步意见供参考。鉴别嫁接苗当初是用大苗砧还是子芽砧，按以下3点综合分析：①嫁接口下沿与第一侧根的距离，一般大苗砧大于子芽砧；②在同等条件下，苗的生长量大苗砧大于子芽砧；③嫁接口部位原砧木的上端颜色一般情况下子芽砧与根部相近，大苗砧与苗干相近。